红袋鼠物理千千问

飞呀飞呀飞上天：
飞行的科学

[加拿大] 克里斯·费里　著／绘　　那彬　译

中国少年儿童新闻出版总社
中国少年儿童出版社
北　京

作者简介 ··

　　克里斯·费里，加拿大人，80后，毕业于加拿大名校滑铁卢大学，取得数学物理学博士学位，研究方向为量子物理专业。读书期间，克里斯就在滑铁卢大学纳米技术研究所工作，毕业后先后在美国新墨西哥大学、澳大利亚悉尼大学和悉尼科技大学任教。至今，克里斯已经发表多篇有影响力的权威学术论文，多次代表所在学校参加国际学术会议并发表演讲，是当前火热的量子物理学领域冉冉升起的学术新星。

　　同时，克里斯还是4个孩子的父亲，也是一名非常成功的少儿科普作家。2015年12月，一张Facebook（脸书）上的照片将克里斯·费里推向全球公众的视野。照片上，Facebook（脸书）创始人扎克伯格和妻子一起给刚出生没多久的女儿阅读克里斯·费里的一本物理绘本。这张照片共收获了全球上百万的赞，几万条留言和几万次的分享。这让克里斯·费里的书以及他自己都受到了前所未有的关注。

　　扎克伯格给女儿阅读的物理书，只是作者克里斯·费里的试水之作。2018年，克里斯·费里开始专门为中国小朋友做物理科普。他与中国少年儿童新闻出版总社全面合作，为中国小朋友创作一套学习物理知识的绘本"红袋鼠物理千千问"系列。同时，他还亲自录制配套讲解视频，帮助宝宝理解，方便亲子共读。

红袋鼠说："这是一架能飞上天的大飞机吧，好大呀！我要是跳起来，就会砰地落到地上。克里斯博士，请您告诉我，飞机那么大的东西怎么能待在天上不掉下来呢？"

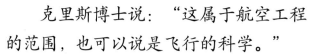

克里斯博士说："这属于航空工程的范围，也可以说是飞行的科学。"

红袋鼠说："啊，飞行的科学！克里斯博士，飞行的科学可以帮我飞起来吗？我想上天！"

克里斯博士说："可以呀！不过这需要**升力**、**推力**、**阻力**和**重力**来帮忙。要飞起来离不开这四种力。你听说过这几种力吗？"

升力
推力

红袋鼠说："我听说过**重力**，克里斯博士。说的是我有多重！"

阻力
重力

Dr.f

克里斯博士说："正确！飞机所受的**引力**也就是重力。它总是向下的，朝着地球的中心。当你站在体重秤上，它测量的是你所受的重力。"

重力

红袋鼠说："我知道了。是不是这个力不让我跳得特别高呢？"

克里斯博士说："对！你在月亮上跳得会高一些。因为月亮比地球引力小，如果你在月亮上称体重，就会轻好多呢！"

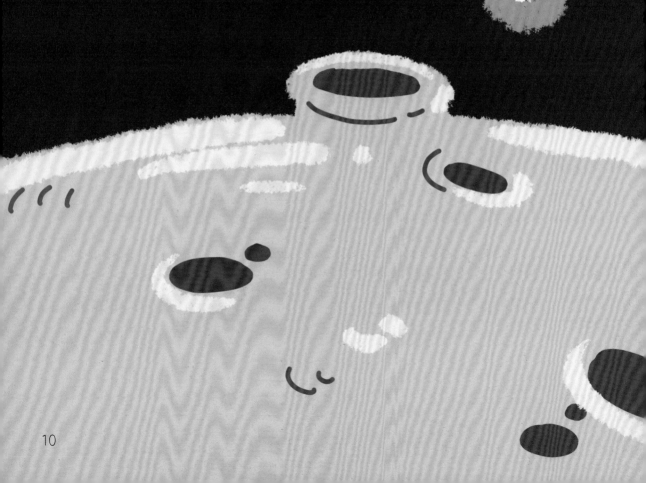

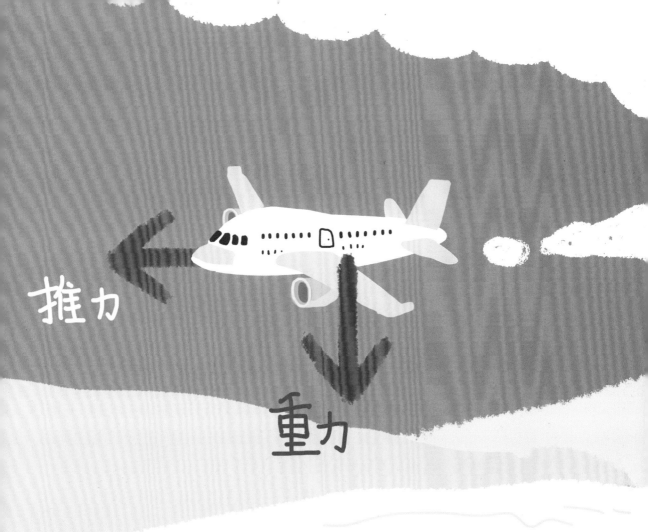

推力

重力

克里斯博士说："下一个力叫**推力**。这个力是由飞机的发动机产生的。它能让飞机前进，这就和汽车或火车的发动机一样。"

红袋鼠说："这个力让我想起了**牛顿第三定律**。它也遵守牛顿第三定律吗？"

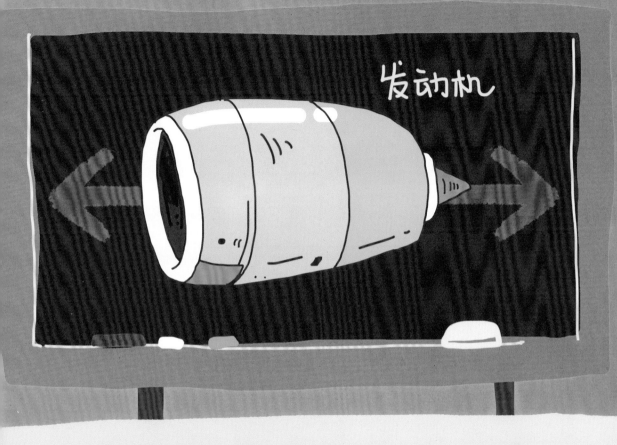

克里斯博士说："好记性！根据牛顿第三定律，每个力都有一个与它大小相同、方向相反的力。飞机的发动机用很大的力把气体推到外面。这些气体也给飞机一个反作用力，推动飞机向前进。"

克里斯博士说："**阻力**来自空气，它是阻止飞机前进的力。只有推力大于阻力，飞机才能向前飞。阻力是一种**摩擦力**。一个物体想要穿过另外一个物体，摩擦力都会阻止这个物体前进。你能想到为什么飞机会受到摩擦力吗？"

红袋鼠说:"因为飞机要穿过空气!"

克里斯博士说："说得真好！你可能觉得摩擦力是个讨厌的力，其实它很重要。想象一下，如果你脚下没有摩擦力，会发生什么呢？"

红袋鼠说："最后一个力肯定是**升力**，而且它肯定是向上的。"

克里斯博士说："哈哈！没错，飞机有了升力，并且升力要大于重力，才能离开地面飞上天。"

机翼的截面

克里斯博士说："飞机的升力，来自机翼。机翼的截面是这样的形状。"

克里斯博士说："飞机前进时，空气就会在机翼上下流动，由于流动的速度不同，机翼上下产生了压强差。这就是升力。"

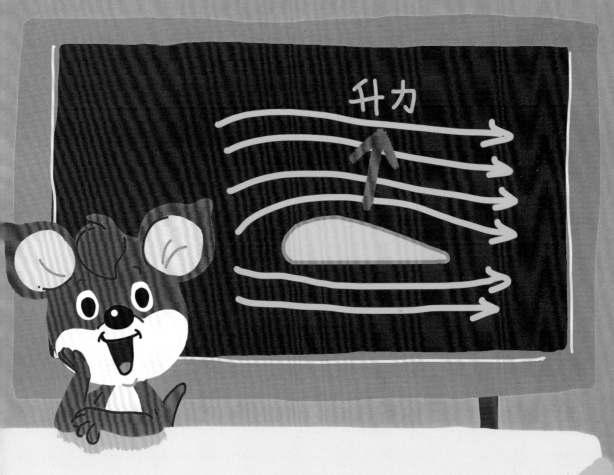

红袋鼠说："呀，好神奇呀！"

克里斯博士说："这就是飞机在空中不掉下来的道理。"

红袋鼠说："知道啦！快看我！"

克里斯博士说："哈哈！
这可不对。"

27

红袋鼠说："这回好多了。"

克里斯博士说："你是一个真正的飞行家了！"

版权合作方：澳大利亚米酷传媒

图书在版编目（CIP）数据

飞呀飞呀飞上天 ： 飞行的科学 ／（加）克里斯·费里著绘 ； 那彬译. — 北京 ： 中国少年儿童出版社，2018.4
　（红袋鼠物理千千问）
　ISBN 978-7-5148-4505-1

　Ⅰ．①飞… Ⅱ．①克… ②那… Ⅲ．①飞行－儿童读物 Ⅳ．①V323-49

中国版本图书馆CIP数据核字(2018)第017283号

HONGDAISHU　WULI QIANQIANWEN
FEIYAFEIYA FEISHANGTIAN FEIXING DE KEXUE

出版发行：	中国少年儿童新闻出版总社 中国少年儿童出版社
出　版　人：李学谦	
执行出版人：张晓楠	

策　　　划：张　楠	审　　读：林　栋　聂　冰
责任编辑：薛晓哲　徐懿如	封面设计：马　欣　姜　楠
美术编辑：马　欣	美术助理：杨　璇
责任印务：任钦丽	责任校对：华　清

社　　　址：北京市朝阳区建国门外大街丙12号	邮政编码：100022
总 编 室：010-57526071	传　　真：010-57526075
发 行 部：010-59344289	
网　　　址：www.ccppg.cn	电子邮箱：zbs@ccppg.com.cn

印　　　刷：北京尚唐印刷包装有限公司	

开本：787mm×1092mm　1/20	印张：1.8
2018年4月北京第1版	2018年4月北京第1次印刷
字数：20千字	印数：15000册
ISBN 978-7-5148-4505-1	定价：25.00元

图书若有印装问题，请随时向本社印务部（010-57526183）退换。